AF591264

CULTURE
DU TRÈFLE

DANS LA RÉGION DE L'OUEST,

PAR

GUSTAVE HEUZÉ,
AGRICULTEUR,
SOUS-DIRECTEUR DE L'INSTITUT AGRICOLE DE GRAND JOUAN.

(EXTRAIT DE L'AGRICULTURE DE L'OUEST.)

NANTES,
PROSPER SEBIRE, LIBRAIRE,
ÉDITEUR DE L'AGRICULTURE DE L'OUEST, PLACE DU PILORI, 5.

IMPRIMERIE DE M.me V.e C. MELLINET.
1844

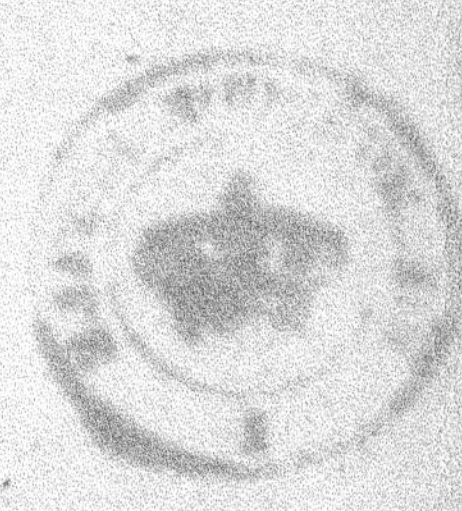

CULTURE DU TRÈFLE
DANS LA RÉGION DE L'OUEST.

AVANT-PROPOS.

S'IL est une vérité bien reconnue aujourd'hui, c'est que le cultivateur, quelle que soit l'étendue de son exploitation, ne peut accroître la masse de ses richesses que par la culture des plantes fourragères. Là, où la production des prairies artificielles est reconnue possible, où elle est habilement conçue, malgré la nature ingrate du sol, la variabilité du climat, elle assure aux populations les denrées de première nécessité, elle est la base la plus solide de l'édifice cultural. C'est ainsi que plusieurs des provinces du Nord, par l'introduction de la culture du trèfle, régénérèrent un jour leur système agricole, et appelèrent l'attention d'un grand nombre d'hommes instruits vers la carrière des champs.

Malheureusement, cette plante, qui fait la richesse des contrées qui la possèdent, est loin encore d'occuper tout le terrain qu'elle doit enrichir un jour dans la région de l'Ouest.

Dans un grand nombre de localités, la jachère-pâturage est encore regardée comme une nécessité. On a peine à croire qu'elle puisse être plus utile, convertie en prairies temporaires, que lorsque le sol reste pendant plusieurs années à l'état de nature. Dans cette position, les plantes natives qui couvrent la couche arable, ne suffisent pas toujours au besoin de l'exploitation, malgré la spontanéité de leur végétation et leur constante reproduction. Ici, il est vrai, la terre ne s'altère pas, les forces reproductrices restent toujours les mêmes. Cependant, il arrive une époque où le pâturage naturel semble disparaître, où la production herbacée n'est plus en harmonie avec les degrés de l'échelle animale. Alors, le sol est livré de nouveau à la charrue; et c'est là que, par une pensée irréfléchie, on se livre encore à la culture des céréales, sans songer à la culture des plantes fourragères légumineuses, jusqu'à ce que les faits viennent prouver de nouveau au cultivateur que la terre est réduite à l'impuissance.

Cette prostration de forces, qui résulte d'une culture mal entendue, du défaut de récoltes alternantes, doit un jour s'arrêter. La culture des localités qui suivent encore l'assolement primitif, ne peut désormais rester stationnaire; elle doit suivre les nouveaux besoins des cultivateurs et l'accroissement de la population; elle doit marcher de concert avec le développement intellectuel des peuples. Le retour vers les anciennes coutumes n'est plus aujourd'hui possible. De tous côtés, l'instruction agricole et les idées sociales de notre âge émeuvent les facultés intellectuelles du laboureur le plus obscur; et déjà elles conduisent l'enfance à réfléchir, à raisonner, à discerner les principes améliorateurs, les cultures progressives, et à les distinguer des méprises des théoriciens et des préjugés populaires.

Il ne faut point désespérer des localités encore pauvres de notre région; il ne faut pas douter même que bientôt un grand nombre de cultivateurs ne portent leurs pensées vers les fourrages artificiels, et principalement vers le trèfle, cette plante si riche, si féconde dans ses résultats. Toutefois, cette révolution agricole, tant désirée, ne peut s'accomplir en un seul jour. De toutes les industries, l'agriculture est peut-être celle où les progrès naissent avec le plus de difficultés. C'est qu'ici le temps peut seul faire naître ou détruire la réalisation des espérances que l'on a conçues pour telle ou telle culture, tel ou tel sol. Sans doute, les capitaux secondent puissamment l'intelligence et l'expérience; ils impriment une impulsion puissante à la marche de l'exploitation; ils renversent souvent des difficultés nombreuses. Mais quelquefois la nature, quoique travaillant nuit et jour pour le cultivateur, n'agit, suivant des causes impératives, qu'avec une lenteur extrême; et c'est souvent en vain que l'homme cherche à accélérer ou à combattre ses effets.

C'est ainsi que, dans nos terres de bruyère, qui paraissent aux yeux des étrangers renfermer d'immenses richesses de fertilité, le trèfle est d'une réussite très-incertaine après les premiers travaux de défrichement. Il semble que ces parties du globe soient frappées de stérilité; qu'elles doivent rester à jamais en dehors du cercle au centre duquel le cultivateur doit exercer son industrie avec fruit, quant à la culture de cette plante. Aussi est-il fort rare que l'avenir, dans de telles circonstances, se dévoile tout d'abord d'une manière brillante à ceux-là même qui ont le plus de foi dans la Providence. Pendant les dix, et quelquefois les quinze premières années de culture, les terres de lande ne peuvent être regardées que comme des champs arides, n'offrant d'autres images que le néant, par rapport à la culture des fourrages artificiels légumineux.

Mais cette non-réussite résulte-t-elle de l'ingratitude du sol? Le cultivateur manque-t-il d'expériences suffisantes à l'égard de la culture du trèfle, dans nos terres souillées par la bruyère et l'ajonc? Les causes qui s'opposent à la création des prairies artificielles sur les terres de lande, sont plus ardues, plus difficiles à détruire qu'on ne le suppose souvent, d'une manière par trop gratuite. Ici, la volonté de l'homme s'annihile devant le travail secret de la nature. C'est que rien n'est plus occulte, rien n'est plus inaccessible aux regards que ce qui se passe au sein de la terre. L'homme le plus instruit, comme le laboureur le moins éclairé, se trouve frappé de la même impuissance pour sonder ce profond mystère. Le trèfle ne peut être regardé comme un véhicule puissant, que lorsqu'il naît avec la nature! Alors sa culture est stable; il supporte mieux les intempéries des saisons et l'aridité du sol.

Dans toute la région de l'Ouest, la culture du trèfle n'existe que sur des terres très-anciennement cultivées, qui paraissent privilégiées sous divers rapports. C'est principalement dans les départements de la Mayenne, Maine-et-Loire, Indre-et-Loire, Ille-et-Vilaine, Deux-Sèvres, Vienne, que l'on rencontre de grandes cultures de trèfle. Quant aux autres départements, la culture de cette plante est si peu étendue, qu'il est impossible de ne pas la considérer comme à peu près nulle. Cependant elle commence à couvrir chaque année une partie de plus en plus grande de l'espace accordé aux pâturages dans le Bocage de la Vendée; les arrondissements de Saint-Jean-d'Angély (Charente-Inférieure); Nantes, Châteaubriant (Loire-Inférieure); Dinan, Saint-Brieuc, Guingamp (Côtes-du-Nord); Quimper (Finistère); Lorient (Morbihan); Châteauroux (Indre); etc.

Les autres causes qui, dans les localités, ne permettent pas au cultivateur d'assujettir une plus grande partie de ses terres arables à fournir des fourrages artificiels légumineux, résultent :

1.° Des idées dirigées malheureusement d'une manière trop exclusive vers les prairies naturelles;

2.° Des capitaux souvent trop faibles, eu égard aux déboursés que nécessite préalablement la création des prairies artificielles;

3.° De l'incertitude dans laquelle on se trouve de connaître préalablement si les dépenses seront couvertes par quelques résultats satisfaisants;

4.° De la défavorable tendance de beaucoup de cultivateurs, de vouloir cultiver plus de terres que leurs forces physiques et morales ne leur permettent;

5.° Enfin, de la foi du cultivateur dans ses vieilles pratiques, qu'il n'abandonne pas sans douleur.

Et cependant, dans toutes les circonstances possibles, on sait admirer un champ de trèfle d'une belle étendue et brillant de végétation. Alors l'esprit du laboureur se réveille; il découvre dans le trèfle un moyen d'allégeance qui doit avoir les conséquences les plus heureuses sur son avenir.

Il appartient aux comices agricoles, aux sociétés d'agriculture, aux hommes instruits de notre région, de diriger le mouvement qui se manifeste en ce moment, et de le faire servir à l'avantage du pays, en proclamant la corrélation qui doit exister entre la culture des céréales et celle des prairies artificielles. C'est à eux, en effet, de démontrer que les prairies naturelles ne peuvent dépasser certaines limites, par rapport à leur étendue, et qu'il arrive une époque où elles ne sont plus l'élément principal de la prospérité même de l'agriculture. Seules, elles tendent à diminuer la production des grains, pour augmenter le nombre et la force des animaux. Les prairies artificielles favorisent, au contraire, la production de ces deux branches de richesse, sans nuire à aucune d'elles; elles permettent au sol de produire tout ce qu'il doit produire, en donnant un essor à sa fécondité!!

Loin de moi, toutefois, la pensée de ne voir de réussite possible en agriculture que par l'intermédiaire du trèfle; je sais qu'il existe dans notre région des contrées où les circonstances naturelles demandent d'autres plantes fourragères.

Si j'entreprends de décrire la culture de cette plante, sur laquelle on a tant écrit, c'est que je suis persuadé qu'un grand nombre de cultivateurs de la région de l'Ouest ignorent encore les conditions providentielles par lesquelles le trèfle peut disputer aux plantes sauvages une partie de la superficie terrienne que ces plantes occupent encore avec trop d'empire.

D'autre part, j'ai l'intime conviction de toutes les richesses que doit apporter la culture du trèfle dans les contrées les plus pauvres de nos provinces de l'Ouest. Et c'est cette conviction qui m'a fait entreprendre ce travail, fruit de nombreuses études sur les terres de Grand-Jouan, où, dans les premières années, le trèfle a longtemps refusé son concours à nos travaux, et où, maintenant, il suit partout la fécondité progressive du sol.

Je diviserai ce travail en quatre parties :

La première comprendra les conditions naturelles de réussite, et les procédés de culture ;

La seconde s'occupera du produit et des circonstances au sein desquelles il apparaît ;

La troisième déterminera son emploi, et ses effets sur l'économie animale;

Enfin la quatrième rappellera l'impulsion qu'il doit donner, les modifications qu'il doit apporter à l'ordre des cultures, et l'action qu'il doit exercer sur le nombre et la beauté des animaux.

PREMIÈRE PARTIE.

CHAPITRE PREMIER.

DU CLIMAT.

Quoique le trèfle rouge soit indigène dans toute la France, quoiqu'il croisse dans toutes les bonnes prairies naturelles, nous ne pouvons méconnaître l'influence heureuse ou défavorable du climat, lorsque cette plante est cultivée seule comme prairie artificielle. C'est à son action que sont toujours dus les résultats que l'on peut espérer, et qu'il nous est donné d'observer dans quelques conditions spéciales. C'est que l'homme ne commande aux éléments qu'à de rares intervalles. Quelque grande que soit sa puissance intellectuelle, il ne peut prévoir les désastres du temps. Partout la nature est triomphante; elle seule maintient l'ordre immuable établi par le Créateur; elle seule rend la pratique de l'agriculture plus ou moins saisissable dans ses résultats.

Cependant, au fur et à mesure que le cultivateur grandit au sein de ses travaux, il parvient quelquefois à triompher de l'inclémence des saisons. Sous sa main laborieuse tout s'anime, s'épanouit et fleurit; ses champs arides et sauvages se couvrent d'un riche tapis de verdure; il marche désormais à grands pas à la conquête d'une vie toute nouvelle. C'est que, par des travaux longs et persévérants, il a reconnu :

1.° Que le trèfle supporte le froid d'hiver le plus intense, si le sol n'est pas humide ;

2.° Que sa culture est douteuse sur les terrains sujets à souffrir des alternatives toujours fâcheuses du gel et du dégel ;

3.° Qu'il redoute beaucoup les gelées tardives très-rigoureuses, lorsqu'il est en végétation ;

4.° Qu'il supporte mal les printemps secs ;

5.° Qu'il souffre beaucoup des longues sécheresses, surtout sur les sols sablonneux et sur ceux très-compactes ;

6.° Que, durant sa jeunesse, il redoute les vents du Nord et Nord-Est, qui sont très-dominants au printemps et en été dans notre région.

Ainsi donc, il existe certaines limites climatériques au milieu desquelles le trèfle doit végéter. Alors que les sécheresses extrêmes et prolongées l'anéantissent parfois tout à coup dans nos contrées, l'humidité constante et surabondante ne lui est pas moins nuisible. De là, ces expériences si multipliées et toujours malheureuses pour le cultivateur, ces tentatives infructueuses qui portent les populations à s'abandonner à leurs anciennes coutumes.

Ici, l'époque des semailles ne coordonne pas avec la nature du sol et de l'atmosphère. Là, la plante protectrice disparaît de la couche arable, alors que le trèfle devrait végéter encore au fond de son asile d'or ou de verdure.

Quoi qu'il en soit, nous poserons comme principe spécial : Que la réussite du trèfle dépend plutôt de la fraîcheur du sol et de l'humidité de l'atmosphère, que de la *grande* fertilité de la couche arable. C'est pourquoi cette plante occupe une plus grande superficie de terrain dans le Nord que dans le Midi de la France, et que nous la regardons comme devant occuper un jour le premier rang dans la région de l'Ouest, parmi les plantes fourragères. On sait que le climat au milieu duquel nous habitons, est plutôt brumeux et humide que sec, et très-tempéré. Toutefois, si les automnes et les printemps sont deux saisons favorables pour la culture des plantes légumineuses, parfois les chaleurs de l'été, les brusques insolations qui se manifestent parfois durant le cours de l'année, la grande humidité pendant l'hiver, ont des résultats très-néfastes dans la culture des prairies artificielles.

CHAPITRE II.

DU SOL.

§ 1. — NATURE.

Le sol sur lequel le trèfle donne les plus belles coupes, celui sur lequel ses produits sont constants, c'est une terre argileuse, marneuse ou calcaire. Ici, si le sol est fertile en lui-même, ou par l'addition d'une forte fumure, si les agents atmosphériques ne le contrarient point dans sa végétation, le trèfle se distingue par sa vigueur, sa coloration d'un vert très-prononcé, ses fleurs bien développées et d'un rouge pourpre très-vif.

C'est en présence d'un champ de trèfle de cette nature, alors que les larmes bienfaisantes de la rosée de la nuit décorent encore les feuilles, alors surtout que le soleil du matin l'inonde de ses reflets dorés, que l'homme saisit l'importance, la beauté de cette plante. En effet, rien n'est plus beau, rien n'est plus méditatif pour le cultivateur, que ces prairies artificielles cachant la terre sous leur chevelure de tiges et de fleurs. Il éprouve alors une impression qu'on ne peut définir, une joie intérieure qui porte à la rêverie et qui console de bien des tribulations.

Toutefois, ce riant tableau, ces brillantes créations, sont malheureusement encore inconnus de beaucoup de nos cultivateurs. Les uns, et c'est le plus grand nombre, s'abstiennent de rechercher sur leurs exploitations les champs qui leur permettraient de jouir parfois de ce spectacle infini et grandiose que la nature développerait autour d'eux. Les autres, au contraire, s'épuisent en de vains efforts contre l'aridité de la terre ou l'ingratitude des saisons. C'est que le trèfle est difficile sur la nature du sol, et qu'il ne croît que lorsque la terre a été richement fécondée par la main de l'homme et les influences secrètes de l'atmosphère.

Mais, si le trèfle demande une *terre franche, une terre granuleuse, une terre à froment, une terre argilo-siliceuse*, il redoute les sols fortement argileux, compactes, qui prennent beaucoup de retrait durant les sécheresses très-prolongées. En pareil cas, il reste chétif, et n'est pas toujours fauchable, comme dans les terres du marais du Poitou Cependant, quand il tapisse parfaitement le sol, il s'oppose à l'action nuisible du soleil. Alors, si la terre est abondamment pourvue de principes organiques, si le trèfle peut y projeter ses longues racines, il croît avec vigueur, il est toujours en végétation. Mais si cette terre tenace, très-coh rente, retient l'humidité avec force durant l'hiver, le trèfle jaunit, ses racines pourrissent, et sa vie languissante le fait exclure de l'assolement. Cette non-réussite porte avec elle de fâcheuses conséquences, car on sait qu'un trèfle bien réussi eût allégé la couche arable par ses racines fortes et nombreuses.

Cependant, toutes choses égales, cette nature de terre est loin d'être comparable, par rapport aux difficultés que le cultivateur doit vaincre, aux terres siliceuses.

C'est que le trèfle, sur les terres sablonneuses et très-légères, n'a qu'une existence éphémère. S'il apparaît à la surface du sol durant le silence des nuits, ou protégé par la rosée, ou bien encore par quelques jours nébuleux, il reste bientôt stationnaire au fond de sa demeure, et c'est en vain qu'il lutte sans cesse contre la fragilité de sa nature. Cette triste perspective s'efface quelquefois, lorsque la terre siliceuse est arrivée à un haut degré de fertilité, lorsqu'elle repose sur un sous-sol toujours humide, ou lorsque le climat est habituellement brumeux. Néanmoins, lorsque ce sol a été épuisé par une mauvaise culture, le trèfle reste toujours faible, s'il persiste ; et ses tiges, très-peu nombreuses, se laisseront alors facilement envahir par les plantes parasites naturelles à cette sorte de terre.

C'est ici principalement qu'il importe d'examiner tout d'abord l'aspect physique de la couche de terre végétale. Quand sa nature, quoique très-friable, est sans cesse humide, sa situation n'influe pas sensiblement sur la culture du trèfle. Il n'en est pas ainsi des terres légères, qui deviennent poudreuses en été, comme celles de l'intérieur de la province de Bretagne ; il importe qu'elles soient exposées à l'Ouest. Les expositions du Sud, lorsque le sous-sol est granitique ou schisteux, sont très-nuisibles. Là, la terre devient brûlante, et le trèfle ne tarde pas à périr. Pour que cette plante puisse alors réussir, il faut qu'elle soit bien protégée par l'humidité de l'atmosphère durant l'été; ce qui est fort rare dans notre région. Une autre variété de terre appartenant à la classe siliceuse, non moins ingrate, est celle que l'on désigne sous le nom de graveleuse, pierreuse. Ces sortes de terrains, qui sont plus ou moins ferrugineux ou ocreux, sont les plus difficiles que je connaisse, après les sols acides, pour la culture du trèfle. Ils ne peuvent produire cette plante qu'à une seule condition, savoir : que l'on aura enfoui, durant plusieurs années, de grandes masses de fumiers et de chaux. Mais, comme ces moyens et ces dépenses sont toujours au-dessus de la portée des fermiers, il en résulte que ces terres doivent être utilisées, durant quelques années, par d'autres plantes fourragères moins exigeantes, et d'une réussite plus assurée.

Dans les sols calcaires, le trèfle réussit toujours; cependant, quand le calcaire est en excès, et que la terre repose sur un sous-sol perméable et léger, son existence n'est qu'annuelle. Là, il ne végète encore que pour rester toujours faible, et disparaître très-souvent. Les terres argilo-calcaires, silico-calcaires profondes, sont peut-être celles où les tréflières s'établissent le plus facilement, celles où leur durée est le plus prolongée. C'est que les végétaux légumineux emploient à leur sustentation plus de matières inorganiques que de substances organiques végétales ou animales, dont le sol est imprégné.

De là est venue l'habitude qu'ont plusieurs cultivateurs, d'ajouter des particules calcaires dans les sols qui n'en possèdent pas. On sait d'ailleurs que toutes les substances alcalines contribuent puissamment à assurer l'existence et à activer la vitalité des plantes, eu égard à la fertilité de la terre.

Il ne suffit pas toujours d'étudier la texture de la couche arable sur laquelle on veut établir une tréflière; il faut aussi considérer si la profondeur peut avoir une action plus ou moins heureuse, plus ou moins nuisible, sur l'existence de cette plante. C'est en vain que l'on chercherait à obtenir une végétation luxuriante sur des sols dont la couche végétale n'aurait que quelques centimètres de profondeur, lors même qu'ils seraient arrivés à une très-grande fertilité. Placé au milieu de telles circonstances, le trèfle s'implante très-difficilement; ses racines, au lieu de se projeter profondément, restent traçantes, et ne permettent que bien rarement aux plantes de prendre cette aptitude de végétation, cette existence durable, que nous leur connaissons sur les terres profondes ni trop sèches ni trop humides.

Ainsi donc, il est indispensable de choisir, avant de s'occuper du degré de fertilité ou de puissance, une terre végétale profonde, un sol que l'on pourra ameublir profondément, sans attaquer la couche inférieure terreuse. Non-seulement alors les racines du trèfle se projetteront plus avant dans le sol, et trouveront durant l'été cette fraîcheur qui leur est si nécessaire; mais, à l'hiver, les eaux pluviales ne leur seront jamais aussi nuisibles, puisqu'elles auront toujours une tendance à s'écouler ou s'infiltrer davantage vers les couches inférieures.

§ 2. — PRÉPARATION.

Quoique la nature du sol influe sensiblement sur la végétation du trèfle, la préparation n'en est pas moins importante à étudier. Ici, si l'ameublissement est poussé à des limites extrêmes, le trèfle a certaine prédisposition à disparaître ou à rester toujours chétif. Là, au contraire, où la préparation du sol a été négligée, où les tranches de terre soulevées par l'action de la charrue reposent encore intactes, ou enfin le sol est envahi par les mauvaises herbes, cette plante est d'une réussite difficile. C'est en cela que la préparation de la couche arable offre parfois de grands obstacles à vaincre. De longues investigations nous ont démontré que c'est ici que réside l'écueil contre lequel viennent souvent se briser les forces et l'incapacité pratique du laboureur. Ainsi, il faut reconnaître et la manière dont se comportent les terres siliceuses, et celle qui est le partage des sols argileux. C'est principalement dans les terres de cette dernière nature qu'il importe d'obtenir un parfait ameublissement, de ne point négliger ni les labours, ni les hersages, ni les roulages. Alors les racines du trèfle se projettent dans toutes les directions avec succès, lors des premières phases de végétation des plantes. Et comme c'est le propre de toutes les terres argileuses de se plomber avec le temps, lorsqu'elles ont été parfaitement ameublies, il en résulte alors que le rapprochement des molécules a toujours lieu en faveur du trèfle, qui préfère les terres plus compactes que légères. Toutefois, il est bien important que l'ameublissement des terrains argileux ait lieu dans toute l'épaisseur de la couche arable.

Lorsque le sol n'a été divisé que superficiellement, le trèfle, dès la première année, est quelquefois très-remarquable, si la température a été favorable à son existence. Mais, durant la seconde, si le sol n'est pas très-fertile, il disparaît çà et là; et alors, si la couche arable n'a pas été précédemment nettoyée par la culture de plantes sarclées, le trèfle est bientôt envahi et étouffé par un grand nombre de mauvaises herbes vivaces et à racines traçantes.

Les terrains siliceux, beaucoup plus nombreux dans notre région que les terres argileuses proprement dites, présentent non moins d'inconvénients. Naturellement, leur manière d'être est diamétralement opposée à celle des terres fortes. Si, par défaut de jugement, d'observations pratiques, le cultivateur augmente la friabilité de ce sol léger en lui-même, ce dernier devient sec, aride en été, et se couvre difficilement d'un trèfle chétif. Si le sol, au contraire, avait une certaine prédisposition à se plomber durant l'hiver, si son exposition est au Midi, il est nécessaire de donner à la terre le plus de consistance possible, au moyen d'un ou plusieurs roulages. C'est en examinant, dans nos contrées arides, brûlantes en été, la manière dont se comportent nos terres silico-argileuses, que l'on reconnaît le fondement de l'opinion que nous venons d'avancer.

Parfois, le pouvoir de l'homme s'anéantit devant les effets du climat et du terrain. La théorie devient impuissante pour pallier de pareils revers. Aujourd'hui, le trèfle se montrera à nos yeux sous les plus brillants auspices : demain, il nous apparaîtra comme engourdi, et, quelques jours plus tard, c'est à peine si l'on pourra reconnaître son existence passagère sur le sol. L'action dissolvante du soleil aura tout anéanti.

Mais la lutte de l'homme contre le temps doit être inépuisable dans sa diversité. Si le tableau que notre plume vient de tracer est de nature à inspirer quelques craintes, s'il nous est impossible de saisir les secrets de la Providence, nous devons chercher à mettre la nature en rapport avec nos forces et nos connaissances. D'ailleurs, les événements de culture n'ont pas toujours cette fatalité inflexible, qu'on ne puisse parvenir à obtenir quelques succès.

Il est reconnu, par exemple, que, dans la plupart des cas, le trèfle ne doit pas être semé seul dans notre région ; il est donc de la plus haute importance que la préparation de la terre destinée à supporter la plante qui doit le protéger dans ses premiers moments d'existence, soit faite avec la plus grande attention. Le laboureur doit prévoir à l'avance les résultats nuisibles ou avantageux d'une préparation exécutée de telle ou telle manière, à telle ou telle époque, non-seulement pour la plante protectrice, mais encore pour le trèfle. L'homme dépourvu de cette prévoyance, rencontrera dans sa route plus d'un écueil. En général, et lors même que le sol serait calcaire, il est indispensable de faire précéder l'établissement des tréflières de la culture de plantes sarclées. C'est que non-seulement ces dernières contribuent puissamment à l'ameublissement de la couche arable dans toute son épaisseur, mais elles favorisent encore son nettoiement. On sait de quelle importance est pour l'avenir du trèfle un sol exempt, autant que possible, de cette multitude de plantes parasites qui infestent le sol, au détriment des plantes utiles.

§ 3. — DISPOSITION.

Nous avons dit, en jetant un coup d'œil rapide sur la région de l'Ouest, que le sol arable était partout disposé en petits billons. Cette disposition, quelquefois indispensable pour la culture des céréales, sur nos terres silico-argileuses, à sous-sol imperméable, ne peut être regardée comme toujours favorable pour la culture du trèfle.

On sait que la fauchaison s'y exécute avec difficulté et lenteur, que les véhicules circulent moins librement, etc., etc. C'est bien certainement à cause de ces difficultés, que les laboureurs, dans les localités où la culture du trèfle commence à se montrer, abandonnent assez facilement les billons, pour préférer la disposition du sol à plat. Toutefois, cette grande innovation n'est encore que le partage des contrées où les terres, de nature argileuse et calcaire, sont arrivées à un très-haut degré de fertilité. Dans les localités où les terres sont encore pauvres, où la culture de l'orge et du froment de printemps est moins connue, le sol reste toujours en billons, et les semailles de trèfle éprouvent de la gêne parmi les céréales.

Mais comme quelques cultivateurs ont déjà saisi l'inconvénient que présentent les billons dans la culture des plantes fourragères, destinées à être séparées du sol par la faulx, nous avons remarqué leur tendance à répandre la graine de trèfle sur des terres nouvellement ensemencées en sarrasin, et disposées à plat ou en planches de 3 à 4 mètres. Ils ont la certitude qu'une terre légère, ainsi disposée, conservera plus facilement l'humidité, et que le trèfle y végètera d'autant plus facilement, durant l'été, que le sol aura plus de fertilité.

C'est certainement la disposition du sol en billons qui retarde de nos jours l'introduction du trèfle dans quelques localités de nos provinces. Si les cultivateurs, sur un grand nombre de points, comprenaient bien l'importance des planches convexes de 2 à 3 mètres de largeur pour la culture des céréales, évidemment le trèfle ne resterait plus le partage des localités privilégiées, soit sous le rapport de la nature, soit sous celui de la fertilité de la terre. Ils comprendraient aussi l'importance de cette facilité avec laquelle on amène, sur les planches, des stimulants alcalins et calcaires. Ainsi, au moment des opérations culturales du printemps (je veux parler ici du râtelage et du hersage que l'on donne aux froments d'hiver en février ou mars, dans plusieurs provinces de la région de l'Ouest), il suffirait de répandre sur le sol de la semence de trèfle, pour que la terre se trouvât par la suite couverte d'une riche production fourragère. Cette création, peu coûteuse pour le cultivateur, en ce qu'elle ne l'obligerait plus à se priver d'une récolte de seigle et de froment, lorsqu'il choisit le sarrasin comme plante protectrice, permettrait au trèfle de couvrir en peu d'années de très-grandes superficies de terrain, en faveur de l'augmentation et de la beauté des animaux de rente et de travail.

Une des causes qui s'opposent à la propagation de cette plante, et qui est peut-être aujourd'hui la plus péremptoire, c'est l'incertitude dans laquelle se trouve le laboureur de savoir si la culture du trèfle l'indemnisera de la perte d'une récolte de céréales, qui suit ordinairement dans la province de Bretagne la culture du sarrasin. Évidemment une récolte de froment ou de seigle vaut mieux pour le métayer que les productions du trèfle, quelque brillantes qu'elles puissent être. Aussi les fermiers riches et surtout les propriétaires éclairés sont toujours plus disposés à étendre la culture des prairies artificielles, lorsqu'elles végètent sous l'abri du sarrasin, que le simple métayer, qui ne peut restreindre sa culture de céréales, dans l'intérêt de sa famille.

Mais un jour viendra, et il ne peut être loin de nous, où tous les cultivateurs, métayers et fermiers, comprendront l'importance du labour en planches bombées dans un grand nombre de situations, et où ils pourront alors faire naître le trèfle avec beaucoup plus de succès qu'ils ne le font parfois, à l'abri des céréales d'hiver et de printemps. Mais alors aussi une condition importante de réussite sera obtenue, c'est que le sol sera préparé de telle manière que nous le verrons net de mauvaises herbes, durant la végétation de l'orge et du froment, qui protégeront la première existence du trèfle.

§ 4. — FERTILITÉ.

Dans les sols peu fertiles, ceux qui ont été épuisés par une mauvaise culture, le trèfle ne peut être cultivé avec succès. Si cette plante persiste sur des terres argileuses, siliceuses ou calcaires, encore en période pacagère, elle ne peut être considérée que comme plante de pâturage.

A vrai dire, ce ne sont pas réellement les grandes masses de fumier, ajoutées momentanément dans un sol, qui permettent au trèfle d'atteindre un développement remarquable.

Pour que cette plante fourragère couvre parfaitement le sol, et qu'elle soit plusieurs fois fauchable durant l'année, il faut que la terre possède quelque chose de particulier que je ne puis définir, mais qui paraît résider à la fois dans la texture du sol, son état physique et l'accumulation de matières organiques.

Ainsi, c'est quelquefois sans succès que dans les terres argileuses, encore en période pacagère, on cherche à cultiver le trèfle, quoique le sol ait été fortement fumé. Il végète bien, si l'année est favorable ; mais, durant l'hiver, et au printemps suivant, il disparaît ou s'élève peu.

La cause de cette non-réussite, c'est que le sol est dépourvu de cette *vieille force*, cette puissance spéciale, qui exerce une action particulière sur le principe vital ou la force végétative de cette plante. Ce n'est réellement que lorsque cette terre argileuse est arrivée en période céréale que le trèfle donne de très-belles coupes. Quelquefois cependant, lorsque cette sorte de terre réside sur des sous-sols calcaires, on commence déjà à obtenir cette plante assez richement fauchable, alors que le sol est encore dans la période fourragère. Il existe même des localités, des circonstances, où la culture devient utile, où la production herbacée peut être fauchable une fois, quoique la terre argileuse soit encore dans la période pacagère. Il est vrai qu'un tel produit, dans cette position, ne peut être considéré que comme éventuel.

On est quelquefois étonné de ne point rencontrer sur les terres silico-argileuses des landes de Bretagne et des autres provinces de l'Ouest, ces belles étendues de trèflières qui caractérisent certains cantons privilégiés des provinces du Maine, de l'Anjou, de la Touraine, et qui sont aussi le propre des exploitations situées aux environs des grands centres de population. Alors on se récrie contre cette culture, où il y a si peu de trèfle, et on la juge mal; car il semble, pour plusieurs personnes, que sa marche est stationnaire, pour ne pas dire rétrograde. Mais il est probable que si les critiques étaient à la place des courageux et opiniâtres cultivateurs de lande, ils seraient souvent fort embarrassés de leur position D'abord, il n'y a aujourd'hui aucune *exploitation landaise* que l'on puisse dire stationnaire. Défricher une lande est déjà un immense progrès : laissez faire maintenant le cultivateur; et, quand lui et sa terre ont repris de nouvelles forces, le trèfle viendra. Demander à un homme une puissance surhumaine, demander à la nature des miracles, c'est faire preuve d'un triste jugement, puisque c'est exiger des impossibilités.

La non-réussite de la culture du trèfle dans les terres de bruyère, résulte inévitablement des causes suivantes :

1.° L'acidité du sol;

2.° L'humidité trop abondante durant l'hiver;

3.° La dessiccation et le manque de liaison durant l'été.

Le sol des landes est presque toujours recouvert d'une couche assez épaisse de détritus de végétaux, et cet aspect paraît riche d'espérances. Mais c'est se tromper que de croire que cette couche rapportera, de suite, les fruits d'une terre féconde. Que peut cette couche inerte sans le secours d'autres agents ? Elle est trop acide, trop ferrugineuse, pour que les plantes légumineuses, même celles qui sont indigènes, puissent y végéter avec puissance. Il faut du temps, du travail, des engrais, pour la féconder. Si cette opinion ne concordait pas avec nos observations de chaque jour, les légumineuses, dans nos terres hermes, se marîraient à l'ajonc, à la bruyère et à la fougère, et alors il s'écoulerait un laps de temps moins considérable entre le défrichement et l'établissement de prairies artificielles légumineuses. Aussi est-il bien évident pour moi que c'est l'antipathie du trèfle, de la bruyère et de l'ajonc pendant les cinq premières années qui suivent le défrichement, et souvent davantage, qui retarde encore de nos jours le défrichement des landes sauvages. Je ne parle ici que de la culture.

On a écrit, dans ces dernières années, qu'il y avait possibilité de créer des prairies artificielles de trèfle sur la lande nouvellement défrichée, et on cite à cet égard de brillants résultats, qui ont séduit quelques personnes étrangères à notre région. Il est vrai que, sur quelques points de la Bretagne, non loin du littoral et sur des terres cultivées par le propriétaire lui-même, j'ai vu des tréflières d'une belle végétation à la deuxième et à la troisième année de défrichement. Mais il faut examiner, d'un côté, les déboursés considérables que l'on a dû faire pour se procurer du noir animal, des cendres, des vases de mer, de la chaux ; de l'autre, les peines inimaginables que l'on se donne pour labourer, façonner, ameublir, niveler le sol, pour être convaincu que cette culture est hors de la fortune ordinaire du fermier. Il vaut mieux pour lui, si son exploitation se compose uniquement de terres de lande nouvellement défrichées, chercher la nourriture de ses animaux dans la culture des crucifères et des racines, et dans la création de prairies temporaires graminées, moins coûteuses et d'une réussite plus certaine.

Les terres siliceuses, non acides et ferrugineuses, encore

en période fourragère, donnent quelquefois un très-beau fourrage, si le sol conserve avec facilité l'humidité durant l'été. Mais la production herbacée que l'on obtient ainsi, ne peut être regardée comme certaine chaque année. Nous avons fait sentir les effets fâcheux des hâles brûlants, dans les années sèches, sur le trèfle qui repose dans une terre siliceuse peu avancée en fertilité, influences atmosphériques que l'on méconnaît parfois et qui ont toujours une action directe plus ou moins heureuse sur la végétation des plantes légumineuses. Ce n'est que lorsque les terres siliceuses sont arrivées en période céréale, qu'elles se couvrent de riches cultures de trèfle. C'est qu'ici le sol, par l'accumulation des matières organiques de très-longue date, devient moins brûlant; l'humus ayant une action très-hygrométrique, rend le sol durant l'été plus frais, par conséquent plus apte à l'existence de cette légumineuse. Cette activité est peut-être plus frappante, lorsque le sol renferme quelques molécules calcaires. Là, il est vrai, il est moins friable, moins léger. Quoi qu'il en soit, on peut regarder la culture du trèfle comme étant toujours possible, du moins à la longue, si la terre est conduite par une main intelligente. C'est ainsi qu'il est plus stable, plus facile à faire naître dans la plaine du Poitou, de la Saintonge, de la Touraine, etc., que sur les coteaux de la Vendée et du Maine, quoique la terre ait les mêmes forces de productivité.

Les terres calcaires qui sont les plus conformes aux besoins des végétaux légumineux, qui se rattachent intimement à la création des tréflières, lorsqu'elles sont arrivées dans la période fourragère, mais principalement dans celle céréale, offrent encore dans notre région d'immenses points sur lesquels ces cultures sont pour ainsi dire inconnues. Mais on s'abuse, en pensant qu'elles ne peuvent produire sans des déboursés considérables. Le pâturage naturel, toujours abondant dans de telles natures de terre, et la vaine pâture, cet usage qui malheureusement existe encore dans quelques-unes de nos provinces, sont deux causes qui arrêtent l'extension des prairies artificielles dans ces localités. La vaine pâture seule paralyse à la fois et l'inspiration et l'espérance. Elle donne à l'homme quelque chose de sauvage, et ne lui fait désirer aucune autre existence que celle qu'il occupe.

En général, peu de cultivateurs s'attachent assez à connaître le degré de puissance du sol. Lorsqu'on désire avoir du trèfle, on jette un regard autour de soi, et si l'œil aperçoit quelques belles cultures, on est persuadé qu'il doit végéter sur le sol que l'on habite. Alors on s'enthousiasme, on se berce d'espérances et d'illusions, et les semis s'exécutent! Mais, si l'insuccès anéantit cette tentative, on accuse la terre, on la regarde comme maudite à jamais. Alors le cultivateur rentre en lui-même, ses pensées ne sont autres que les idées qui régissent la classe agricole, où apparaît sans cesse une pensée funeste d'indifférence pour les idées progressives. C'est ainsi que, souvent, plusieurs des cultivateurs de notre région restent dans l'inactivité; c'est ainsi que pour un revers, fruit de l'imagination inexpérimentée, le laboureur porte la désolation dans tous les esprits qui l'environnent, et compromet la prospérité générale et particulière.

C'est en examinant les degrés de fécondité du sol (1) que l'on cultive, par le produit moyen des céréales, que l'on peut être certain s'il est temps de se livrer à la culture de telle ou telle plante fourragère légumineuse.

Cette production, il est vrai, est très-accidentelle; elle résulte de la variabilité du climat, des influences météorologiques heureuses ou néfastes sur la végétation, la floraison ou la fructification: cependant, nous pensons qu'on peut, par des

(1) Le premier volume de *l'Agriculture de l'Ouest* renferme, page 465, un mémoire de M. Boyer, le judicieux auteur des périodes de fertilité, sur lesquelles repose ce paragraphe.

observations suivies, connaître d'une manière satisfaisante la production moyenne de cinq années au moins de culture. Il est impossible d'admettre que, durant cet espace de temps, on ne puisse espérer au moins deux bonnes récoltes.

Les résultats de nos recherches nous conduisent alors à dire que :

Si les TERRES ARGILEUSES donnent, en moyenne,

10 *hectolitres de froment* d'hiver, le sol sera encore dans la période pacagère, et le trèfle ne pourra végéter de manière à devenir fauchable. Le produit en sec est donc 0.

15 *hect. de froment*, la terre sortira de cette période et passera dans celle fourragère. Là, le trèfle commence seulement à devenir fauchable. Le produit peut s'élever à 2,000 kilogrammes par hectare.

20 *hect. de froment*, le sol sera arrivé à la période céréale. Ici, les tréflières sont d'une réussite certaine. Elles peuvent produire, dans les années favorables, jusqu'à 3,000 kilog. en sec.

Si les TERRES CALCAIRES donnent, en moyenne,

8 *hect. de froment* d'hiver, la terre sera encore dans la période pacagère. Le trèfle ne pourra encore devenir fauchable.

16 *hect. de froment*, le sol sera arrivé dans la période fourragère. Alors, cette légumineuse peut donner jusqu'à 3,000 kilog. de foin sec à l'hectare.

25 *hect. de froment*, la terre sera en période céréale, et le trèfle donnera jusqu'à 4,000 kilog. de foin.

Si les TERRES SILICEUSES donnent, en moyenne,

15 *hect. de froment*, le sol sera arrivé en période fourragère, et le trèfle sera à peine fauchable. Cependant, si le sol n'est pas acide, on peut espérer encore de 1,000 à 1,500 kilog. de foin sec à l'hectare. Nous ne parlons pas des terres encore dans la période pacagère; on sait qu'ici elles ne peuvent produire avec avantage que du seigle, et conséquemment point de trèfle.

20 *hect. de froment*, la terre aura quitté la période fourra-

gère et sera entrée dans la période céréale. Ici le trèfle végètera mieux, et sous les climats brumeux il peut donner jusqu'à 3,000 kilog. à l'hectare (1).

On ne saurait, toutefois, admettre ces données comme très-rigoureuses. Il existe des transitions si nombreuses dans les natures de terre, l'influence des circonstances locales joue un rôle si frappant dans la vie végétale, qu'il ne faut considérer les chiffres ci-dessus que sous un point de vue relatif, pour ne pas tomber dans l'erreur. Cependant, ces lignes peuvent guider le cultivateur, et lui épargner quelques tentatives infructueuses. Elles lui rappelleront que la culture du trèfle n'est profitable que quand les terres siliceuses sont arrivées en période céréale, et celles qui sont argileuses ou calcaires, dans la période fourragère.

C'est dans la culture du ray-grass, du trèfle incarnat, des choux, des navets, que les cultivateurs des provinces de l'Ouest trouveront les ressources nécessaires à l'alimentation des animaux, lorsque le sol qu'ils cultivent sera de nature siliceuse et en période pacagère. Dans les terres argileuses encore dans cette période, ils utiliseront le pâturage du trèfle blanc, de la lupuline, etc., ils cultiveront les fèves, etc. Quant aux terres calcaires en période pacagère, elles donneront déjà des sainfoins susceptibles d'être fauchés; elles permettront l'établissement de pâturages de chicorée sauvage, de pimprenelle, etc.

---

(1) J'ai pensé qu'il était inutile de préciser les périodes commerciales. Chacun sait que, lorsque le sol produit avec succès du colza, du chanvre, etc., le trèfle est facile à faire naître, et que ses produits sont toujours certains et élevés.

CHAPITRE III.

DES SEMENCES.

§ 1er. — CHOIX.

La semence de trèfle doit être nouvelle; c'est une condition principale de réussite. On reconnaît qu'elle est de l'année à sa teinte jaune clair mêlée de violet bleuâtre et à son aspect brillant. Lorsqu'elle est lourde, parfaitement nourrie, c'est qu'elle est arrivée à parfaite maturation, que la plante a accompli ses phases de végétation au milieu de circonstances climatériques très-favorables. Mais si la nuance de la graine est brunâtre, si sa couleur est terne, c'est qu'elle a mûri difficilement, que l'humidité de l'atmosphère est venue modérer l'essor végétatif de la plante et empêcher le perfectionnement de sa maturité.

De toutes les semences agricoles, la graine de trèfle est peut-être celle sur laquelle le commerce exerce de préférence son industrie, pour spéculer sur la crédulité publique. Dans les années humides, alors que les semences se détachent difficilement des gousses, ces dernières sont soumises à un procédé de dessiccation qui enlève aux semences leurs facultés germinatives. Lorsque la graine est ancienne, et que, néanmoins, elle doit être livrée au commerce, pour qu'elle possède la teinte brillante ou luisante qui est le propre des semences nouvelles, on la couvre d'une couche légère et transparente d'huile très-fine; alors, l'œil, même le plus exercé, distingue difficilement cette vieille semence d'une nouvelle, et peut la supposer comme possédant toutes ses facultés reproductives.

Il est donc de la plus haute importance pour le cultivateur de bien connaître la provenance de la semence qu'il doit employer. C'est pourquoi il ne peut craindre de la payer un prix trop élevé, s'il possède la certitude de sa nature. Pour avoir souvent épargné une somme très-légère dans l'achat de la semence qui lui est nécessaire, il perd quelquefois toute espérance dans la culture du trèfle durant une année. C'est qu'il s'aperçoit souvent fort tard de la mauvaise germination, et que l'époque où il peut exécuter ses semis avec succès est entièrement écoulée.

Je pense que, lorsque cette plante réussit sur le sol que l'on habite, il est indispensable de récolter ses graines, si l'on doute de la bonne foi des spéculateurs, si enfin on ne peut s'en procurer au sein même des exploitations.

Il ne suffit pas que la semence de trèfle soit nouvelle, il importe encore qu'elle ne soit mélangée à d'autres graines, surtout à celles de cuscute, de lupuline ou minette. Quand la graine est mêlée à d'autres mauvaises semences, ou qu'un grand nombre de graines de trèfle ne sont pas parfaitement formées, on peut l'épurer en la jetant dans un vase rempli d'eau. Les semences inutiles et nuisibles surnagent, et on les enlève avec facilité.

Quelques praticiens ont prétendu que le renouvellement des semences de trèfle était aussi nécessaire que celui des semences de céréales. Nous ne partageons pas cette opinion : nous avons peine à croire que les graines des pays du Nord donnent naissance, *partout* et *toujours*, à des plantes plus vigoureuses ayant des caractères spéciaux. S'il existe une différence très-prononcée entre le trèfle qui croît dans notre région et celui qui végète en Hollande, elle résulte sans nul doute de la fertilité du sol, de l'état physique du climat, de l'attention que le cultivateur apporte lors de la récolte des semences. Si l'on examine avec attention deux champs de trèfle de nature et de fertilité différentes, on découvrira la cause de la dissemblance qui préoccupe certains esprits.

Ici, si la terre est argileuse et en période commerciale, le trèfle aura un feuillage plus large et d'un vert plus prononcé, ses fleurs seront plus développées et plus foncées en couleur. Là, au contraire, où le sol est siliceux, mais encore en période fourragère, cette plante restera moins élevée, son feuillage sera moins vert, moins large, et ses fleurs plus petites et plus roses.

---

§ 2. — LA QUANTITÉ.

La proportion dans laquelle la semence de trèfle doit être répandue, est plus difficile à déterminer qu'on ne le croit généralement. Il est indispensable de considérer et la nature du sol et la période de fertilité dans laquelle il se trouve. Si la terre sur laquelle on doit établir une tréflière, est fertile, il importe que la semence soit disséminée dans une faible proportion. Nous avons dit que, dans de telles conditions, les plantes développaient des talles plus nombreuses, et que le produit herbacé était toujours très-abondant. Si, au contraire, la terre a peu de puissance à produire cette plante, sa graine sera répandue dans une forte proportion, quelle que soit la nature de la couche arable.

En général, les semis de trèfle doivent être plutôt épais sur les terres légères et claires sur les sols argileux, où cette légumineuse a plus d'aptitude. Néanmoins, l'état physique du sol, la manière d'être de la plante protectrice, peuvent modifier encore la quantité de semence que l'on doit employer. Lorsque la terre est naturellement humide en hiver ou fort brûlante en été, les semis trop clairs ne donnent jamais des résultats avantageux. On sait qu'en pareil cas il y a toujours un nombre plus ou moins considérable de jeunes plantes qui bravent difficilement une aussi mauvaise situation. Quand les semences se répandent dans les céréales d'hiver, qui sont toujours plus élevées que celles de printemps, elles doivent encore être employées dans une proportion plus grande ; la plupart germent et végètent toujours avec plus de difficultés.

Quoi qu'il en soit, la proportion la plus convenable, dans les circonstances ordinaires, est de 15 kilog. à l'hectare. Quelquefois cette quantité descend à 12 kilog., alors que la terre est très-fertile. Je ne crois pas qu'il existe dans notre région des terres, si ce n'est dans quelques localités de la Touraine et du Maine, sur lesquelles 5 à 7 kilog. de semence soient considérés comme suffisant à l'hectare. Je connais, au contraire, bon nombre de fermes, sur lesquelles les semences sont répandues dans la proportion de 20 kilogrammes.

§ 3. — ÉPOQUE DES SEMAILLES.

Rien n'est peut-être plus difficile à saisir, dans la culture du trèfle, que l'époque à laquelle on doit exécuter les semailles, eu égard au climat, à la nature du sol et à la végétation de la plante protectrice sous laquelle la semence doit germer.

Des conditions impérieuses de succès doivent guider le cultivateur dans cette pratique. Il doit :

1.° Profiter de l'humidité du sol et de celle de l'atmosphère ;

2.° Prévoir à l'avance les effets d'une sécheresse prolongée survenue immédiatement après les semailles ;

3.° Choisir de préférence le moment où la surface du sol est encore friable ;

4.° Répandre, autant que possible, la semence, lorsque la plante protectrice n'a encore que quelques centimètres d'élévation, si l'on ne peut la disséminer aussitôt que la semence de cette plante aura été enfouie ;

5.° Enfin, exécuter les ensemencements quelques semaines

avant l'époque où les plantes naturelles nuisibles envahissent la couche arable.

Quand les terres ne sont pas très-humides, qu'elles sont en période céréale, que les transitions atmosphériques ne sont pas toujours profitables à la végétation des jeunes plantes de trèfle durant le printemps et l'été ; enfin, lorsqu'on a la certitude que les froments d'hiver ne seront pas remplis de mauvaise herbe, et qu'il y aura possibilité de se dispenser d'un hersage au printemps, on peut exécuter les semailles dès le mois de janvier et celui de février, soit sur la neige, si elle n'est pas très-épaisse, soit directement sur terre. Ces semailles sont ordinairement profitables, si le sol est disposé de manière à bien s'égoutter durant les pluies, et si ces dernières ne sont pas tellement abondantes, que le sol sera désensemencé par les eaux courantes. Si les circonstances locales le permettent, les jeunes plantes auront toujours assez de force de végétation pour résister, soit aux vicissitudes climatériques du printemps, soit aux sécheresses opiniâtres de l'été.

Il ne peut être question ici des semailles exécutées à l'automne, dans les céréales d'hiver. Cette manière d'opérer ne donne pas des résultats assez certains pour que nous croyions devoir la proposer dans la région de l'Ouest. Il est très-vrai que nos hivers sont en général fort doux, et que l'assainissement du sol est bien entendu : mais les froments et les seigles, sur les terres silico-argileuses, sont toujours envahis par les mauvaises herbes au printemps : il importe de les herser vigoureusement en février et mars, afin de faire naître une surexcitation vitale, durant leurs dernières phases de végétation. En conséquence, les semailles de printemps nous paraissent, sous tous les rapports, préférables à celles d'automne.

C'est la nature du sol, son état physique qui détermine l'époque où ces semailles peuvent avoir lieu avec des chances favorables. Lorsque la semence de trèfle doit végéter en concurrence avec les céréales d'hiver, il est très-prudent d'attendre que le hersage, ou mieux le râtelage soit exécuté, et que le sol soit ameubli et nettoyé.

Sur plusieurs points de notre région, où le sol, pour les céréales d'hiver et aussi celles de printemps, est disposé en petits billons, les semences sont répandues durant le mois de juin sur les terres nouvellement ensemencées en sarrasin, et disposées à plat. Ce procédé n'a pas toujours des conséquences heureuses. Plusieurs fois j'ai été à même de reconnaître que cette plante n'était pas toujours favorable à la germination de la semence et à la végétation des jeunes trèfles. Ainsi, dans les années sèches et brûlantes, la semence de sarrasin lève mal et très-lentement. Si donc les nuits sont très-fraîches, si les rosées sont abondantes, la semence de trèfle pourra néanmoins germer. Mais, quelques jours plus tard, les jeunes plantes, trop faibles pour se suffire à elles-mêmes, et nullement protégées par le feuillage du sarrasin, ne tardent pas à disparaître. Les raffraîchissements de la rosée du soir ne sont plus assez puissants à cette époque pour faire équilibre aux rayons ardents du soleil.

Dans les années humides, au contraire, la plante protectrice peut prendre un accroissement trop considérable. L'ombrage qu'elle projette alors sur les jeunes légumineuses est tel, que la lumière, la chaleur et l'air n'ont presque plus d'action sur elles. Privées des influences atmosphériques, ces jeunes plantes s'anéantissent avec une promptitude désespérante.

Admettons maintenant que le sarrasin, dans les années ordinaires, permette au trèfle de s'établir dans le sol d'une manière régulière. Eh bien, s'il survient des pluies, lors de la récolte tardive de cette plante, les pieds des ouvriers, ceux des animaux, les véhicules qui circuleront sur toute l'étendue du champ, lasseront fortement le sol, le pénètreront, et formeront une multitude de petites cavités qui, durant l'hiver, retiendront une humidité surabondante, et nuiront par là au trèfle. D'un autre côté, il faut reconnaître que, dans certaines conditions, les semailles s'exécutent trop tardivement pour que les jeunes plantes puissent acquérir assez de force de végétation pour résister constamment aux intempéries des saisons d'automne et d'hiver.

Il ne faudrait cependant pas inférer de ces lignes que je regarde les semailles exécutées au printemps, dans les céréales d'hiver ou de printemps, comme sans cesse préférables. Cela serait contraire à ma pensée. Seulement, je crois que les semailles de trèfle, parmi le sarrasin, doivent être exécutées sur des terres sèches, non mouillées à l'automne et à l'hiver, conservant une certaine fraîcheur durant l'été, et n'ayant pas l'inconvénient de se plomber, ou de se soulever, lors du gel et du dégel. Si la température était réellement favorable à la végétation de la plante protectrice, il faudrait que cette dernière fût semée dans une plus faible proportion. Dans le cas contraire, cette quantité devrait être plus forte, afin que le sarrasin ombrageât suffisamment le sol.

En général, les semailles de trèfle doivent être aussi hâtives que possible. L'époque où les céréales de printemps, telles que orge, froment, avoine, sont confiées à la terre; celle où il est indispensable de les herser et de les rouler, sera, dans un grand nombre de situations locales, le moment le plus favorable à la germination de la semence de trèfle. C'est pourquoi beaucoup de cultivateurs des provinces du Maine et du Poitou obtiennent, chaque année, de fort beaux résultats, en disséminant la semence de trèfle immédiatement après celle des céréales de mars. Toutes choses égales d'ailleurs, l'observation pratique peut seule confirmer, dans telle ou telle localité, l'importance de cette association temporaire, sur la pratique qui consiste à répandre la semence de trèfle quand la céréale a déjà plusieurs feuilles.

§ 4. — PRATIQUE DES SEMAILLES.

Les semences de trèfle se répandent à la volée, et jamais en lignes. Comme la graine est fine, il faut qu'elle soit semée par une main exercée, et projetée avec beaucoup de régularité. C'est parfois de l'uniformité du jet de la semence sur la terre, alors surtout qu'elle est déjà couverte par une céréale en végétation, que dépend la réussite de cette plante. On ne saurait donc apporter trop d'attention dans la dissémination de la graine. Répandue par un vent violent, par un homme inexpérimenté, elle peut être trop épaisse sur un point, et trop claire sur un autre. Lorsque la proportion dans laquelle cette semence est répandue, est considérable, ces principes sont moins rigoureux. Mais dans les sols qui ne nécessitent que quelques kilogrammes de semence par hectare, une répartition uniforme est de toute importance, puisque le sol doit être partout couvert de semence. Chacun sait quels sont les résultats d'un champ de trèfle sur lequel la graine a été mal répartie.

Aussitôt que la semence est répandue, soit sur une terre nouvellement ensemencée, soit parmi une céréale levée, on s'occupe de la couvrir. Dans le premier cas, un roulage suffit, si le sol est sec et disposé à plat. Par la pluie, cette opération est vicieuse : la terre et la graine s'attachent au rouleau, et ce dernier désensemence le champ. C'est pour cette raison qu'il est préférable, dans les saisons humides, dans les localités où la température est brumeuse, de laisser la semence sur le sol sans la couvrir. Si l'on donnait un hersage au milieu de semblables conditions, cette opération, quelque faible qu'elle fût, placerait toujours une certaine quantité de graine à une profondeur de plus de 0,01 c. à 0,02 c., où elle germerait très-difficilement. La herse d'épine, sur les terres encore nues, est préférable sous tous les rapports. On sait qu'elle peut être conduite par un enfant avec beaucoup de succès. Quelquefois, lorsque la terre a été fortement ameublie par les façons préalables, les animaux pénètrent profondément dans le sol, et détruisent par conséquent le nivellement de la surface, au détriment de la réussite du trèfle.

CHAPITRE IV.

DES SOINS D'ENTRETIEN.

§ I. — FUMIER.

Lorsque les tréflières sont établies sur des terres encore en période fourragère et céréale; lorsque les plantes ont peu d'affinité pour le sol sur lequel elles croissent; lorsque enfin la nature et l'état physique de ce dernier sont tels, qu'ils laissent peu d'espoir au cultivateur, on répand, dès la première année, des fumiers en couverture. Ces matières sont ordinairement conduites dans le courant de septembre, avant les ensemencements d'automne, alors que la terre est sèche et ferme. Cependant, quand les terres ne sont pas fortement argileuses, qu'elles sont siliceuses ou calcaires, il vaut mieux conduire et répandre le fumier durant l'hiver ou l'automne, lorsque le sol est durci par les gelées.

Toutefois, une couverture hâtive n'est pas toujours heureuse. Parfois elle active trop le trèfle en automne, et le rend plus sensible aux gelées, ou favorise la multiplication des plantes nuisibles, si la température est douce et humide. Aussi ne doit-on fumer de bonne heure que dans les localités où le trèfle ne souffre pas du froid, et dans celles où la terre se plombe et laisse à nu une partie du collet et des racines des plantes. Hors ces circonstances, les couvertures d'hiver, celles que l'on exécute en janvier, sont toujours préférables.

Mais doit-on employer des fumiers pailleux de préférence aux fumiers décomposés? Il est bien évident que les fumiers consommés produisent des effets plus sensibles que les premiers. Leur décomposition est plus prompte, ils ont plus de tendance à s'attacher au sol. Sous ce dernier rapport, la fumure peut encore produire des résultats très-favorables à la seconde et souvent à la troisième année. Et même, dans les années de sécheresse, le sol conservera un degré d'humidité favorable à la végétation du trèfle. D'ailleurs, les fumiers ne donnent des vapeurs ammoniacales que durant les quelques jours qui suivent l'épandage. On sait que lorsque ces vapeurs sont abondantes, la production herbacée contracte parfois une odeur qui ne plaît point aux animaux, alors surtout qu'elle est destinée à être consommée en vert.

Les fumiers pailleux ne sont réellement utiles que lorsqu'ils ont pour mission de protéger les jeunes plantes des influences défavorables des gelées et des dégels. Mais, quelquefois elles adhèrent difficilement au sol; et, lors de la fauchaison, les parties nues, décomposées et libres, se mêlent aux tiges et diminuent d'autant leur qualité nutritive.

Quoi qu'il en soit, la fumure superficielle pourra, dans bien des circonstances, être utilisée avec succès. Elle sera même nécessaire, quelle que soit la fertilité du sol, dans les années où les semailles auront mal réussi, où le trèfle sera chétif au moment où la plante qui l'abrite et le protége disparaîtra du sol. On sait qu'il est toujours avantageux de favoriser la force et la vigueur du trèfle avant l'hiver, ou, du moins, avant le moment où, au printemps, il commence à végéter.

§ 2. — PLATRE.

Le plâtre est un des stimulants dont les effets sont les plus extraordinaires, mais aussi les moins uniformes et les moins constants. Dans quelques localités, les effets qu'il produit sont très-sensibles. Sous son influence, le trèfle prend un développement remarquable, les feuilles sont plus larges, plus nombreuses, plus foncées en couleur, les tiges acquièrent une consistance nouvelle. Dans d'autres, au contraire, quoique appliqué de diverses manières, sur diverses natures de terre, sur des sols de fertilité différente, les résultats du plâtrage ont été complétement nuls.

Le plâtre peut être répandu sur les trèfles, soit à l'état cru, soit à l'état cuit.

Sous le premier état, il est difficile à réduire en poudre; mais son action est la même que celle du plâtre cuit. La seule différence que l'on puisse établir, c'est que ses effets sont longs et moins sensibles. Cette faible action résulte de ce qu'il n'a pas perdu son eau de cristallisation, et qu'il est en quelque sorte inaltérable. Je parle ici de ses effets dans la région de l'Ouest.

Pour que le plâtre puisse favorablement activer les productions de cette légumineuse, il faut qu'il ait été calciné ou cuit entre 100 et 300 degrés centésimaux. Alors, il se réduit promptement et aisément en poudre fine, possède une très-grande avidité pour l'eau; il exerce une grande influence sur les végétaux; il les vivifie.

Mais quelle est dès lors l'explication de ses effets? L'action du plâtre est-elle si occulte, qu'on ne puisse admettre comme vraie une des nombreuses hypothèses émises dans ces dernières années? Les théories présentées ne varient-elles point suivant les lieux, les circonstances, où les observations ont été recueillies? Cette supposition paraît être vraisemblable, si l'on considère la divergence qui règne entre les opinions. Ainsi, quelques observateurs pensent que le plâtre imprime un essor aux végétaux en soutirant l'humidité de l'air; d'autres affirment qu'il doit sa propriété stimulante aux parties de soufre qu'il contient; quelques-uns prétendent qu'il agit par son affinité pour l'acide carbonique; d'autres, enfin, ont reconnu qu'il agissait en concourant à la nutrition des plantes.

Nous ne rappellerons point ici toutes les explications données à l'appui de ces diverses hypothèses. La plupart d'entre elles sont appuyées sur des expériences, des observations rigoureuses; et, sous un point de vue, elles peuvent être toutes regardées comme vraies. Néanmoins, nous pensons que les sciences chimiques et physiologiques pâlissent encore devant le voile qui couvre le mystère des effets du plâtre sur les légumineuses. C'est au cultivateur qu'il appartient de constater, par des expériences directes, faites à diverses époques de l'année, suivant diverses proportions, sur le sol qu'il habite, si le plâtre peut avoir une action favorable, sans s'occuper de l'explication théorique de ses effets.

Une question peut-être plus importante pour le cultivateur que celle que nous venons de rapporter, est celle-ci : Le plâtre agit-il plutôt sur les feuilles que sur les racines? La solution de cette question peut modifier son mode d'application.

Si nous considérons les observations des cultivateurs praticiens, qui constatent chaque jour que le plâtre produit encore des effets sensibles à la seconde et quelquefois même à la troisième coupe, quoiqu'il ait été appliqué avant la première, nous reconnaîtrons qu'il doit agir sur la racine. Si cette opinion ne pouvait être regardée comme spéciale, il est bien évident qu'il faudrait admettre son action sur les parties herbacées. Comment, dès lors, justifier le surcroît de production que l'on obtient à la seconde coupe sur les parties qui ont été plâtrées?

Nous abandonnons ces téméraires recherches aux esprits amoureux de systêmes et d'opinions hypothétiques. Cependant, si cet effet était le seul, si le plâtre était seulement absorbé par les organes souterrains, comment expliquerait-on le peu d'action du plâtre, lorsqu'on le répand avant que la plante ombrage le sol? Maintes fois nous l'avons répandu et vu répandre directement sur le sol, dans notre localité; mais jamais nous n'avons pu constater de résultats bien sensibles. Cependant, si l'on considère, d'une part, son action sur le parenchyme des feuilles, et, de l'autre, la surexcitation vitale qu'il engendre pendant plusieurs coupes, il est certain qu'on ne peut se refuser d'admettre ce principe : Le plâtre répandu sur les légumineuses a deux modes d'action : 1.° des effets aériformes, 2.° des effets terriens.

Quelle sera maintenant l'époque la plus favorable pour répandre ce stimulant? Le printemps doit-il être préféré à l'automne? Le temps doit-il être sec, ou les feuilles doivent-elles être couvertes de rosée ou d'humidité? Il paraît certain que le plâtrage doit avoir lieu au printemps, alors que les feuilles sont assez développées pour qu'une grande partie de ce stimulant soit retenu par elles. Une portion peut agir sur les folioles des plantes; l'autre peut être absorbée par les racines, après avoir réagi sur d'autres corps, ou subi quelques métamorphoses. Toutefois, ce qu'il importe d'éviter, c'est de le répandre par un temps froid et une saison pluvieuse. Une humidité surabondante devient nuisible, et on peut rallier à cette cause les effets complétement nuls du plâtre sur nos terres schisteuses, silico-argileuses, froides et très-humides pendant six mois de l'année.

Pour que le plâtre puisse produire ces exubérances de végétation si remarquables, il faut qu'il soit répandu dans les mois d'avril ou mai, pour hâter la première et la seconde coupe. En les répandant en août ou septembre, on favorise la première coupe du printemps suivant.

Mais il faut le concours de circonstances très-favorables pour que le plâtrage d'automne ne reste pas infructueux. Les hivers, et quelquefois les automnes, sont très-pluvieux dans la région de l'Ouest, et la terre et l'atmosphère sont d'une froideur très-défavorable. Néanmoins, nous ne pensons pas qu'un froid sec soit toujours très-nuisible au plâtrage. Nous l'avons vu appliquer sur des terres sèches, et réussir, quoique répandu alors que la terre était fortement gelée. Mais ceci, toutefois, n'est qu'une exception. Aussi, est-il prudent de ne plâtrer que lorsque les froids et les pluies ne sont plus à redouter. Des expériences directes ont prouvé que le plâtre ne doit être répandu sur la plante que lorsque la température est douce, sèche et non pluvieuse. Une rosée légère est néanmoins favorable, parce que, dans ce cas, le plâtre s'attache aux feuilles de la plante. Si l'on pensait que cette rosée fût superflue et même nuisible, on pourrait plâtrer une partie du champ le matin, quelques instants après le lever du soleil; l'autre serait couverte de ce stimulant au milieu du jour, lorsque le ciel serait sans nuages. Cette expérience serait évidemment un meilleur guide que les théories établies dans le but de convaincre les esprits en faveur de tel ou tel système d'application qui doit différer d'un champ à l'autre, et qu'on ne peut proposer comme général sans tomber dans l'erreur.

Le plâtrage doit avoir lieu lorsque l'atmosphère est calme. Répandu par un très-grand vent, il pourrait être transporté hors du champ sur lequel on opère, ou être réparti très-inégalement sur les plantes.

Quant à la quantité que l'on peut et doit employer, elle est excessivement variable, et nous pensons qu'on ne saurait avec raison fixer un chiffre. Cette quantité est relative; elle peut varier depuis 100 kilog. jusqu'à 800 kilog., suivant la nature du sol, son hygroscopicité, son échauffement, son exposition, les circonstances atmosphériques, le degré de fertilité de la terre et l'époque d'application. C'est au cultivateur à déterminer, par des expériences, par l'observation des faits, celle qu'il peut répandre avec succès sur le terrain qu'il cultive.

Il faut observer, toutes choses égales d'ailleurs, que, dans nos provinces de l'Ouest où il n'existe point de carrière de gypse, le plâtre vendu en poudre n'est pas toujours très-pur, et que, sous ce rapport, la quantité qu'on doit répandre sur les terres schisteuses, acides, de la Bretagne, sera plus forte que celle nécessaire sur le terrain jurassique de la Saintonge et du Poitou. Et quand bien même il ne serait point mélangé à d'autres matières, il est fort rare qu'il soit naturel, c'est-à dire que le commerce livre à l'agriculture du plâtre calciné en poudre, sans avoir été déjà employé par les arts. Ainsi, la plupart des plâtriers des villes de l'Ouest recueillent avec soin tous les plâtres ou résidus de plâtre obtenus lors des enduits, ravalements, etc., et les pilent. Le plâtre est ensuite passé au panier, au tamis, et livré tel ou mélangé à celui qui n'a point été travaillé. Il est bien évident que de tels plâtres ont perdu une très grande partie de leur force et de leur énergie.

---

§ 3. — CHAUX.

Si les opinions sont encore divergentes à l'égard du plâtrage, si on hésite parfois d'exécuter cette pratique, si enfin on ne peut, dans toute la région de l'Ouest, imiter les localités si favorisées par la nature, où le plâtre se vend pur et à un prix moins élevé, le chaulage des trèfles ne présente plus ni doutes ni incertitudes, et peut être mis en usage dans les localités de notre région où le sol n'est point calcaire, avec un succès vraiment remarquable.

Ce mode de chaulage diffère beaucoup de celui qu'on emploie dans la culture des terres. Il est plus simple, et a pour but principal d'assurer l'avenir du trèfle sur les terres où cette plante refuse de s'implanter avec vigueur. Cette opération culturale, qui est peu connue des cultivateurs des provinces de l'Ouest, est destinée à jouer un rôle important dans la production des légumineuses, végétant sur des terres siliceuses, schisteuses, argileuses, froides et humides, encore dans les périodes de fertilité pacagère et fourragère.

C'est sur cette pratique que doit désormais reposer la culture du trèfle, dans les terres qui ne produisent cette plante que très-difficilement. Les résultats que nous avons obtenus ont surpassé nos espérances. Le trèfle, soumis à ce procédé, est vigoureux, d'une stabilité parfaite ; il ombrage parfaitement le sol. Sur les parties où le chaulage n'a point été exécuté, le trèfle est clair, chétif, et se défend mal de l'envahissement de l'oseille, des agrostis et autres herbes parasites.

Le chaulage s'exécute au mois de mars, immédiatement après le hersage ou le râtelage des céréales. On emploie de préférence la chaux éteinte à l'air, sous un hangar, ou autres bâtiments, mais réduite en poussière ; et elle sert à couvrir la semence de trèfle répandue parmi la céréale d'hiver ou de printemps. La semence de trèfle végète alors sous l'influence de l'élément calcaire qui lui est si nécessaire pour braver des situations défavorables, pour résister à des positions où son existence primordiale est toujours difficile et laborieuse.

Si nous disons que ce stimulant doit être employé à l'état de chaux éteinte, c'est que la chaux vive pourrait, en s'éteignant, par son action corrosive, détruire un très-grand nombre de germes de semence de trèfle, si ces dernières commençaient à germer lorsque la chaux se gonfle et se crevasse. Quoi qu'il en soit, on applique la chaux sur le sol et la semence, par un temps sec, et lorsque l'air n'est point agité.

Si les pluies ne sont point continuelles, quoique la terre soit humide, le chaulage en couverture a des effets plus sensibles que le plâtrage, qui ne produit, au milieu de telles circonstances, des résultats utiles, qu'à de rares intervalles. Il convient pour cela de n'employer la chaux que dans une proportion moyenne. Une trop grande quantité de chaux pourrait devenir nuisible à la jeunesse du trèfle, tandis qu'une trop faible quantité n'imprimerait point à la plante une impulsion assez sensible. Il suffit que la superficie du sol soit légèrement couverte. Ici 12 hectolitres de chaux éteinte d'elle-même, sous l'influence de l'air, nous ont paru suffisants pour un hectare de terre de nature silico-argileuse.

---

§ 4. — CENDRE ET CHARRÉE.

Ces stimulants, par leurs propriétés spéciales, ne peuvent suppléer au plâtre et à la chaux, quoique leurs effets soient parfois plus sensibles et plus prompts.

Les cendres non lessivées sont peu employées comme stimulant, dans la région de l'Ouest. Quelquefois cependant on les mélange avec de la chaux, comme dans le département de la Sarthe, afin de les rendre plus actives, et elles sont répandues ainsi sur les trèfles. Les effets sont alors non-seulement très-sensibles, ils sont aussi très-favorables, à cause des parties calcaires et des sels que les cendres recèlent.

Les cendres lessivées, ou charrées, que le commerce livre à des prix moins élevés, sont généralement en usage dans nos contrées, surtout dans les provinces où il ne se trouve point de calcaire. Quoiqu'elles aient perdu une partie notable de leurs sels solubles, elles ont encore une action puissante sur le trèfle, lorsqu'il refuse de croître, lorsqu'il ombrage difficilement la couche arable.

Ce stimulant présenterait incontestablement plus d'avantages que ceux qu'il possède, si l'industrie n'abusait point de la bonne foi des cultivateurs, en altérant, par son mélange avec d'autres substances, ses richesses et son énergie. Les charrées, eu égard à leur valeur commerciale, à l'altération qu'elles ont subie, ne peuvent être aussi utiles dans l'Ouest qu'elles le sont dans les provinces du Nord de l'Europe. Pour qu'elles pussent réagir d'une manière très-profitable sur les productions du trèfle, pendant plusieurs années, il faudrait qu'elles fussent répandues, comme dans quelques contrées de la France, à raison de 40 hectolitres à l'hectare. Il est bien évident que le cultivateur ne peut, dans un grand nombre de nos localités, et dans l'état actuel des choses, les appliquer à cette dose. La quantité la plus minime que l'on puisse employer, est celle de 10 à 12 hectolitres à l'hectare. Cette dose est suffisante pour que ce stimulant couvre toute cette superficie.

L'avantage des charrées sur les plantes, c'est de conserver leur action si énergique au milieu des circonstances les plus défavorables. En effet, répandues sur un sol non abrité des vents d'Ouest et de Nord, sur des terres froides et humides, jetées sur un trèfle, soit au milieu de l'été, soit au sein de l'hiver, elles exercent partout une action égale.

§ 5. — PURIN.

L'emploi des engrais liquides n'est point, malheureusement, connu des cultivateurs des provinces de l'Ouest. Il n'existe que quelques fermes qui possèdent des fosses, dans lesquelles les urines des étables et le purin du fumier se réunissent et fermentent, après avoir été mélangés à une certaine quantité d'eau. Et cependant ces matières ont une action puissante et énergique sur les plantes. Si les effets qu'elles produisent sur les tréflières sont de peu de durée, par contre elles ont une promptitude d'action très-remarquable. Appliquées sur des trèfles chétifs, languissants, elles accélèrent, par leur propriété si fertilisante, la vie végétale, et réparent promptement les désastres dus aux éléments ou à l'ingratitude du sol. Il faut avoir été témoin des effets des engrais liquides sur les tréflières, pour reconnaître les remarquables effets de l'intelligence, de l'activité, de l'économie.

Dans la plupart de nos fermes, les liquides qui sortent des étables ou des fumiers coulent sur terre, se vaporisent, et toutes ces parcelles, ces atomes de richesses pour la végétation, sont entièrement perdus. Cet abandon est trop coupable pour que les cultivateurs continuent de vivre au sein d'une telle négligence.

Il ne s'agit point ici de doctrines théoriques. Dans toutes les fermes où le puissant levier est perdu au détriment des nouvelles productions, on peut se convaincre journellement de ses incontestables effets.

Toutefois, il est indispensable de détruire l'action corrosive des urines, avant de les utiliser sur les tréflières. A leur sortie des étables, ces substances sont trop énergiques; elles sont nuisibles aux plantes. Néanmoins, on peut les conduire sur les tréflières, lorsque la terre est couverte de neige, ou lorsque le sol est détrempé par les pluies. Il est bien évident qu'elles perdent alors avec promptitude leur action délétère pour les plantes. L'eau que le sol contient les étend et tempère favorablement leurs effets. Toutes choses égales d'ailleurs, il est plus rationnel, afin d'éviter que ces matières ne brûlent, ou ne détruisent un grand nombre de pieds de trèfle, de les recevoir dans une large fosse, dans laquelle tombent les eaux pluviales. Là, elles fermenteront, elles se pourriront très-avantageusement, c'est-à-dire elles acquerront un plus haut degré de propriété de fertilisation. Ces engrais, ainsi préparés, peuvent être conduits sur les trèfles, soit au printemps, soit durant l'été, soit à l'automne. Non-seulement ils fournissent aux plantes l'humidité qui leur est si nécessaire, mais ils procurent encore à leurs racines des substances nutritives d'une activité vraiment admirable. Ces substances fertilisantes liquides ne peuvent être conduites que dans des tonneaux placés sur une voiture. Cette voiture sera aussi légère que possible, afin qu'elle ne détruise pas l'uniformité du sol, et n'endommage point les plantes. Afin d'éviter les inconvénients qui pourraient résulter d'un jour peu favorable, ces engrais ne sont ordinairement conduits que lorsque le temps est beau et le sol résistant. Le profit qui résulte d'une application bien entendue de cette pratique, indemnise largement le cultivateur des déboursés qu'il doit faire pour la fosse, la pompe et le véhicule nécessaires. Et même, dans bien des circonstances, ces engrais liquides sont toujours plus profitables au trèfle que les fumiers répandus en couverture.

CHAPITRE V.

DES PLANTES ET ANIMAUX NUISIBLES.

La cuscute, qui exerce quelquefois de si cruels ravages dans les luzernières, nuit aussi aux tréflières. Néanmoins, ce redoutable parasite n'apparaît que bien rarement la première année, et occasionne très-peu de dommage au trèfle, lors de sa première coupe. On ne le voit, dans nos contrées, sur les ajoncs et sur le lin, que dans le courant de mai ou juin. A cette époque, la plante est encore faible, ses filaments, quoique très-déliés, sont peu nombreux, ou du moins sont généralement peu vigoureux.

Il résulte de cet état de choses que la cuscute ne peut être regardée, à cette époque, comme un ennemi redoutable. La fauchaison des trèfles, qui a lieu dans le courant de juin, met un obstacle à ses tendances d'envahissement.

Malheureusement la faulx ne peut détruire cette ennemie. Si la racine de la cuscute se dessèche parfois, d'autres organes, doués d'une force de succion particulière, enlacent ou la tige ou le collet de la plante, et les parties que la faulx laisse adhérentes entre elles, peuvent vivre encore, l'une protégeant l'autre, et se propager alors avec une rapidité désolante.

C'est pourquoi les secondes coupes de trèfle, surtout dans les années sèches, disparaissent quelquefois sans que le cultivateur puisse prévenir les désastres. Mais comme la durée du trèfle est toujours limitée comme plante fauchable, que son existence excède rarement trois années, que cette prairie artificielle est parfois rompue à la seconde année; il en résulte que l'invasion de la cuscute est moins redoutable.

Divers moyens ont été proposés pour déduire cette plante parasite. Aucun, je dois le dire, ne peut être appliqué, dans la culture du trèfle, avec avantage. Tel procédé, qui est favorable à la luzerne, devient nuisible à notre légumineuse. Celle-ci ne peut être, comme la première, coupée au-dessous du collet; on sait que lorsqu'elle est ainsi fauchée, elle repousse avec une très-grande difficulté; on sait encore que les tréflières ne peuvent être labourées, piochées, hersées avec succès. Ce sont des opérations qui ne réussissent que sur les luzernières.

Mais il convient d'examiner la graine que l'on veut employer, d'en connaître la provenance. La semence de la cuscute germe et lève avec facilité et beaucoup de rapidité, et, lorsqu'elle est mélangée à celle de trèfle, elle peut infecter de grandes étendues de terrain. Pour prévenir le mal, il faut chercher à l'isoler, en se servant d'un crible dont les ouvertures n'ont que la grandeur nécessaire pour donner passage à la semence de cuscute. Celle-ci est toujours plus petite que celle du trèfle, qui doit rester sur le crible. Lorsqu'il y aura possibilité, on fera bien de récolter soi-même les semences qu'on doit employer. C'est le seul moyen de posséder des graines de trèfle parfaitement mûres et exemptes de graines nuisibles.

Parmi les graminées, on doit considérer les agrostis et le chiendent comme des plantes nuisibles à l'existence du trèfle, à cause de leur aptitude à croître dans un grand nombre de situations. Dans les terres légères, siliceuses, elles envahissent parfois toute la superficie du sol, et arrêtent tout à coup la végétation du trèfle.

Les moyens de destruction de ces plantes sont difficiles, lorsqu'une fois elles ont envahi le terrain. On ne peut que modifier leur tendance d'envahissement par l'emploi de la chaux, pour laquelle elles ont beaucoup d'antipathie. Toutefois, si préalablement on pensait que ces plantes devinssent nuisibles, il vaudrait mieux différer l'ensemencement, ou ne pas craindre les sarclages à la main ou des hersages très-énergiques. Quant au plantain qui envahit quelquefois les tréflières, il est moins nuisible, surtout lorsque le trèfle est destiné à être fauché en vert. On sait qu'il appartient à la classe des bonnes plantes de prairies naturelles. Cependant, lorsqu'il est abondant, il est très-épuisant, et, sous ce rapport, il doit être regardé comme une mauvaise herbe.

Au nombre des plantes naturelles, inhérentes aux terres acides-siliceuses de Bretagne et de nos autres provinces de l'Ouest, et qui nuisent considérablement à l'existence, à la durée du trèfle, je dois mentionner la petite oseille. Cette plante, qui se multiplie et de semence et par ses racines, est très-difficile à détruire. Les jachères d'été, labourées et hersées à diverses époques, permettent quelquefois de détruire celles qui végètent; malheureusement cette destruction n'est qu'apparente. Le sol contient tant de semences, que les plantes reviennent de nouveau au milieu des céréales avec une rapidité extraordinaire. Pour éviter leur funeste empiétement, le cultivateur doit recourir aux stimulants calcaires, et semer aussitôt que l'état physique de la terre et celui de l'atmosphère lui permettent d'agir.

Cependant, lorsque cette oseille, que l'on appelle vulgairement *vinette*, n'a point arrêté, anéanti l'existence des jeunes trèfles, quelque vigoureuse que soit la végétation, on peut parfois obtenir sa disparition. Il est bien rare que, sous l'action de la faulx, elle persiste et apparaisse à la seconde année, et étouffe le trèfle. Si elle est en grand nombre à la première coupe, elle disparaîtra souvent entièrement à la seconde. C'est pourquoi il est indispensable de *faucher à l'automne de la première année*, quelque peu abondante que soit la végétation et du trèfle et de l'oseille. Les fumiers d'hiver répandus en couverture, le chaulage, le plâtrage, le cendrage même, seconderont puissamment l'action de la faulx en faveur de l'existence du trèfle.

Quelque grande que soit la fertilité du sol, le trèfle redoute l'attaque des limaces, des pucerons, de la larve du hanneton, des souris, mulots. Ces animaux dévorent, rongent les tiges, les feuilles et les racines de cette plante. Quelques-uns l'attaquent de préférence, lorsqu'il vient de naître, s'il survient immédiatement après de longues sécheresses. D'autres profitent de l'humidité du sol et de l'atmosphère pour vivre à ses dépens. D'autres enfin se réfugient durant l'hiver au sein des tréflières, et c'est sous leur abri protecteur qu'ils rongent les racines et les divisent.

Dans la plupart des cas, on néglige de prêter attention aux désastres occasionnés par la voracité de ces animaux. Alors, si le trèfle s'anéantit, si sa végétation est languissante, on attribue cette non-réussite à des causes totalement étrangères à la culture. On maudit souvent le climat sous lequel on est placé, ou bien on accuse la terre d'être avare dans ses productions de légumineuses. Ce manque d'observation, ou pour mieux dire de jugement, est toujours funeste à l'avenir que peut avoir un jour cette plante dans notre région. Il est bien évident qu'on ne peut toujours arrêter le mal dans son principe, anéantir les animaux dévastateurs; cependant on peut parfois mettre un frein à la voracité de quelques-uns, en chaulant en couverture, ou en répandant une certaine quantité de suie. Ces stimulants détruisent ou éloignent de la surface du champ quelques-uns des animaux nuisibles, et anéantissent encore un grand nombre de larves et d'œufs.

Quant aux souris et aux mulots, ils n'attaquent ordinairement les trèfles que durant l'hiver, alors surtout que les champs sont clos de fossés ou entourés de haies très-vives. Quelquefois aussi ces animaux profitent des couvertures de fumiers longs, sous lesquelles ils se réfugient pour scier, ronger, couper ou les tiges ou les racines du trèfle. On évitera donc, dans une telle position, d'avoir recours aux fumiers d'automne, surtout lorsqu'on ne peut répandre sur le trèfle que des engrais pailleux.

CHAPITRE VI.

DE L'ASSOCIATION DU TRÈFLE AVEC LE RAY-GRASS.

Le ray-grass que l'on cultive seul avec tant de succès sur divers points de la région de l'Ouest, à cause de la température humide, des brouillards fréquents, qui règnent dans cette contrée de la France, peut être allié au trèfle rouge, dans diverses situations, avec beaucoup de bonheur. Le ray-grass étant très-hâtif, protége le trèfle des gelées tardives printanières.

Quand le sol est de nature argileuse ou argilo-calcaire, et en période commerciale, le ray-grass ne peut être regardé comme une très-bonne plante, et son association avec le trèfle ne convient pas. Celui-ci a trop d'aptitude sur ces deux natures de terre, ses produits sont alors trop abondants, pour qu'il y ait nécessité de cultiver le ray-grass. D'ailleurs ce dernier ne fournit pas un très-bon fourrage sec, surtout lorsqu'il est coupé un peu tard; son foin est grossier et de qualité secondaire. Cependant, lorsque les tréflières sont destinées à être pâturées après la seconde coupe, ou durant la troisième année, on peut avec raison cultiver ces deux plantes simultanément. Le ray-grass, qui est très-nutritif, lorsqu'il est consommé en vert, qui repousse avec rapidité au fur et à mesure qu'il est pâturé, qui renferme moins d'eau de végétation que le trèfle, est nécessaire et même indispensable ici. Si le trèfle avait une tendance à disparaître sous la dent des bestiaux, le ray-grass garnirait de nouveau la superficie du sol, et augmenterait d'autant le pâturage. Toutefois, je crois devoir le répéter, cette association du ray-grass avec le trèfle n'est pas nécessaire dans les terres arrivées à un haut degré de fertilité, si le trèfle doit être séparé par la faulx, converti en foin, et si enfin il doit mûrir ses semences. Du reste, le ray-grass redoute les sécheresses, et, sous ce rapport, il est de beaucoup inférieur au trèfle, qui ombrage davantage la terre, en lui conservant plus de fraîcheur et en profitant mieux des rosées.

On voit donc, d'après ce qui précède, que le ray-grass ne peut réellement être allié au trèfle que lorsque le sol est de nature siliceuse, silico-argileuse, dans les périodes pacagères ou fourragères. Ici le ray-grass est réellement utile, surtout si le sol conserve durant l'été une certaine humidité.

Si, au contraire, la terre, par sa nature ou sa situation, était aride, brûlante, sèche en été, le ray-grass serait d'un faible rapport. Cette plante n'exige pas un sol très-riche pour être pleinement fauchable ; elle veut plutôt de la fraîcheur, ou une légère mais constante humidité. Alors, si le trèfle refuse de croître avec vigueur, si cette plante brave difficilement et le peu de fertilité et la mauvaise nature du sol, le ray-grass, qui se plaît au contraire dans de telles situations, végète promptement et augmente sensiblement la production herbacée de la prairie artificielle.

Un fait qu'on ne peut oublier, c'est que le ray-grass détruit, affaiblit plutôt la fertilité du sol qu'il ne l'accroît ou la maintient à son même degré de puissance. Pour qu'il puisse entrer avec succès dans un assolement, il faut qu'il soit cultivé uniquement pour sa production herbacée. Quand cette plante mûrit ses graines, elle épuise considérablement la terre, et elle se souillerait même pour quelques années, si la couche arable n'avait point reçu une forte fumure, ou si elle était encore en période de fertilité fourragère.

La semence du ray-grass ne peut être semée comme celle de trèfle. Si elle doit végéter sous l'abri protecteur d'une céréale d'hiver ou de printemps, il est nécessaire de la répandre sur le sol, avant que le hersage ou le râtelage ait été donné aux jeunes plantes. Il faut qu'elle soit parfaitement enterrée. Non-seulement les semences du ray-grass germent difficilement lorsqu'elles restent sur terre, mais les oiseaux, qui sont assez friands de cette graine, peuvent, en quelques jours, désensemencer une partie du champ sur lequel elle a été répandue. Lorsque la graine de ray-grass est semée et enterrée, on répand la semence de trèfle. Celle-ci est cachée par l'action du rouleau, où elle est abandonnée à elle-même, suivant l'état de la terre et de la température.

Tels nous paraissent être les avantages et les inconvénients du ray-grass, lorsqu'il est allié au trèfle comme prairie artificielle. Il faut le concours de diverses circonstances, pour qu'il y ait réellement avantage à rechercher la croissance simultanée de ces deux plantes. D'ailleurs, il est nécessaire que la prairie artificielle ainsi créée soit d'une plus longue durée, qu'elle excède au moins deux années. Si la tréflière avec ray-grass devait être retournée à la seconde année d'existence, il est bien évident que, dans beaucoup de circonstances, le cultivateur n'aurait point été à même de profiter de tous les bienfaits de cette association.

Le ray-grass n'est réellement utile que dans les contrées où la température est brumeuse, où le sol est humide et frais. Alors, il domine le trèfle à sa première coupe, disparaît pour ainsi dire à la seconde, pour reparaître avec les brouillards ou les pluies de septembre et d'octobre, avec une grande vigueur. Comme, au milieu d'une telle position, le trèfle renferme toujours beaucoup d'humidité, le ray-grass tempère sensiblement l'action défavorable de cette eau de végétation, et empêche bien souvent des tympanites ou des météorisations, par sa nature sèche et fibreuse. Sous ce dernier rapport, son association avec le trèfle fut une idée heureuse, et il y aurait de l'imprudence à ne pas la mettre en pratique, là où les circonstances le permettent, là où il doit en résulter une augmentation sensible dans la production fourragère, et une excellente mesure hygiénique pour les bestiaux.

Il est nécessaire, toutefois, de distinguer le ray-grass anglais du ray-grass d'Italie. Celui-ci se distingue du premier par ses feuilles plus larges et d'un vert plus foncé, et par ses épillets et ses semences constamment barbus. Le ray-grass anglais est moins difficile sur sa situation ; il a une aptitude assez prononcée sur les mauvais sols. Il n'en est pas ainsi de celui d'Italie. Il demande une terre riche en même temps que fraîche et humide. Mais on ne peut méconnaître qu'il est d'un produit bien supérieur à celui du ray-grass ordinaire, quoique ses tiges soient parfois moins tendres, moins nutritives. Son principal défaut, c'est de disparaître plus facilement sous l'action de la faulx et la dent des animaux, et, sous ce rapport, il est inférieur au ray-grass ordinaire.

La quantité de semence que l'on emploie est variable. Cependant on ne peut l'élever au-delà de 50 kilog. à l'hectare, sans redouter quelques fâcheux résultats. Et même, dans les sols fertiles, il importe de rester au-dessous de ce chiffre.

www.ingramcontent.com/pod-product-compliance
Ingram Content Group UK Ltd.
Pitfield, Milton Keynes, MK11 3LW, UK
UKHW021506260726
13993UKWH00004B/1576